幸福空间
设计师丛书

U0264633

小户型

精选设计

幸福空间编辑部　编著

清华大学出版社
北京

内 容 简 介

　　本书精选我国台湾一线知名设计师的29个小户型最新真实设计案例，针对每个案例进行图文并茂地阐述，包括格局规划、建材运用及设计装修难题的解决办法等，所有案例均由设计师本人亲自讲解，保证了内容的权威性、专业性和真实性，代表了台湾当今室内设计界的最高水平和发展潮流。

　　本书还配有设计师现场录制的高品质多媒体教学光盘，其内容包括魔法功能生活宅（林宇崴主讲）、精品饭店风格宅（孙晟滺主讲）、希腊海洋袖珍屋（李胜雄主讲），是目前市场上尚不多见的书盘结合的室内空间设计书。

　　本书可作为室内空间设计师、从业者和有家装设计需求的人员以及高校建筑设计与室内设计相关专业的师生使用。

图书在版编目（CIP）数据

小户型精选设计 / 幸福空间编辑部编著. -- 北京 :清华大学出版社, 2016
（幸福空间设计师丛书）
ISBN 978-7-302-42322-5

Ⅰ . ①小… Ⅱ . ①幸… Ⅲ. ①住宅－室内装饰设计Ⅳ. ①TU241

中国版本图书馆CIP数据核字(2015)第287076号

责任编辑：王金柱
封面设计：王　翔
责任校对：闫秀华
责任印制：刘海龙
出版发行：清华大学出版社
　　　　　网　　址：http://www.tup.com.cn，http://www.wqbook.com
　　　　　地　　址：北京清华大学学研大厦A座　　　　　邮　　编：100084
　　　　　社 总 机：010-62770175　　　　　　　　　　邮　　购：010-62786544
　　　　　投稿与读者服务：010-62776969，c-service@tup.tsinghua.edu.cn
　　　　　质量反馈：010-62772015，zhiliang@tup.tsinghua.edu.cn
印 装 者：北京天颖印刷有限公司
经　　销：全国新华书店
开　　本：213mm×223mm　　　　印　张：8　　　　　字　　数：192千字
　　　　　附光盘1张
版　　次：2016年5月第1版　　　　　　　　　　　　印　　次：2016年5月第1次印刷
印　　数：1~3500
定　　价：49.00元

产品编号：062925-01

白金里居設計
林宇崴
Gorgeous Space

將自然環境

Designer
劇場作設計
李勝雄
幸福夢想實踐家
Gorgeous Space

李勝雄設計師

李勝雄作品

我認得

魔法功能生活宅　林宇崴 主讲
精品饭店风格宅　孙晟澔 主讲
希腊海洋袖珍屋　李胜雄 主讲

小坪数规划　精品饭店风格宅　孙晟澔

以精品飯店風格為設計主軸

類似像這樣的飯店

现场实录
王牌设计师主讲　本光盘教学录像
由幸福空间有限公司授权

小空間出租　魔法機能生活宅　林宇崴

Interior
Design
带您进入台湾设计师的
魔 法 空 间

设计师 About Designer

P029 姚廷威

一亩绿设计以人为本，探讨功能与美感的协调，每个空间必有其使用，在正确的方向拿捏合适的尺度，追求整体空间的和谐，不做过于浮跨的设计，家是舒适的、愉悦的、幸福的。

P032 程礼志

空间中有松、有紧，比例拿捏得当，就能成就一个好空间。

P037 林诚嘉

以最单纯的设计元素、最自然的语汇，将设计的美学张力完整地呈现出来，赋予其更自然的美学品味。

P041 蒯本原

完整的设计，必须融合自然及人工的环境元素，在人与空间环境的互动行为上完美搭配，追求各种空间的可塑性，赋予全新的面貌。

P045 彭立元

以人的角度出发，并且创新、进步、反思，保持求知与求新的态度，以提供跨领域的整合服务。

P049 张祥镐

空间是一个存在的语言，构筑空间的并不是色彩学与材料学上的拼贴，而是将感受力转化为具体的氛围。

P053 周谦如

创意的一切发想，均以人、以空间环境、以生活为出发点，让心更贴近彼此，没有距离的享受空间带给生活的愉悦与幸福。

P057 廖埜钧

强调有人的空间就会充满生命力，在客户的需求与预算内做合理地规划，谱出人与空间的共鸣。烽雅的努力就是想成为您的专属空间助理。

P062 林昌毅 王淑桦

以房主的需求与喜爱为主要设计出发点，让室内处处是为房主量身定做的生活设计，为房主建造一个有品位及实用的享受生活空间。

P067 林绎宽 陈慧娜 彭瑞蕙 林家康 吴希特 范也益

了解客户的需求与期待，运用简单的线条与素材，在缤纷的色调里，调出安稳、舒适的生活空间，打造属于每位客户的专属风格。

P071 P075 张译允

在有条件的范围内创作，依照居住者的生活需求、爱好习惯，经过倾听、整合、内化且成熟地表现在设计上，创造出人与空间的互动和温度。我们不仅仅是设计空间，更是将生命中的轨迹记录在每个光影流动之中。

P078 P141 刘玉琪 李静茹

人、空间、生活，设计因人而有温度，完美地空间规划必须深得人心，设计是串联生活中每一个环节，也是带给生活满满的便利与欢愉。从里到外讲究工程、功能、氛围的调和，满足居住者对空间的需求。

P083 林启宏

追求完美：完美藏于每一处细节，以人为本，用完美的生活态度来实践完美空间；
创新求变：每一个作品都是唯一的独特空间，讲求设计突破却不失格调；
以客为尊：让拥有梦想的人，通过欧肯细腻且诚挚的贴心服务，成为梦想家的实践者；
永续经营：质量是企业生存的命脉，坚持采用顶级材料，以质量至上为基础，用最细腻的心与态度，创造属于您专属的幸福空间。

P087 P093 王鼎元

我们要创造出符合每个人的快乐空间，有活得快乐的家，才能成就顺遂的一生，这是我们的任务，也是我们的使命。

P097 李铭寅 庄佩玲

空间的设计以"人"为本。
以贴近人心的设计，专业的施工团队，严谨细心的施工质量，打造出您专属的窝。

P101 P113 Hj.Designer

对于空间，Hj.Designer总是为客户量身打造；对于设计，Hj.Designer总是有源源不绝的创意；对于美学，Hj.Designer总是坚持将房主的需求与空间规划完美地结合；对于服务，Hj.Designer秉持专业态度，从需求、沟通、施工等流程中，细腻地要求每一次为业主服务的过程。

P105 邹其霖

元禾用心体验您生活中的每个细节，致力呈现属于您的幸福空间。

P109 何彦杰

秉持着设计的精神，在看似有理数的秩序里谱写着空间本质可窥见的诗性，刻画出一种生活的模样，一份对家对空间的情感。

P119 何政熹

方华设计工程最重要的原则就是"用心倾听、耐心沟通"，通过风格与功能并美的规划设计，诚实且诚恳地面对每一位顾客和问题，倾听并了解业主的每个需求，发挥丰富的设计经验与独到的美感眼光，为房主实现心中的理想空间。

P123 张嘉恩

珍惜每一段缘分，以诚意呈现最棒的设计。无论是豪华大气、低调奢华、简约时尚还是质朴温馨，都致力为业主创造一个最舒适专属的居家空间。

P127 吕晨颐

为客户完成独一无二的设计，在瞬息万变的生态里为客户带来更完整的室内空间规划。

P131 游任国 周仲元

尚格设计团队的理念在于丰富居住空间的人文艺术，希望借助设计美学，活化冰冷的建筑线条，打造兼具美学、实用的时尚生活价值。

P135 陈智远 李秀丽

去发掘、探索客户的潜在需求，将美与实用的意念展现在空间之中，让每个作品都有自己的故事。

P145 何益贤

融合自然、人文、艺术与功能，以平民化的精神、精湛的工艺、精细化的感受，创造完美的品质，服务每一个深信VC Design的尊荣客户。

目 录

色彩魔术

　　色彩不仅是被视为增加世界缤纷趣味的重要元素，拥有不同含义的色彩本身也是个说书者，在空间美学里，从蓝、黄、红三色调配出来的多变彩度一向扮演了左右设计氛围的重要角色。

　　现代简约为主流的年代，设计师们运用色彩让设计注入不同的空间表情，无须大片呈现而以重点突显，一个抱枕、一块桌布、一盏吊灯都能是主角，以小小重点变换大大空间魔术。

童趣 · 彩色拼图

　　在一片净白通透区域中通过重点色块提亮空间，是铮峰国际设计设计总监黄以铮的擅长手法，在几乎没有重力的空间张力下，具有童趣的饱和色块家具成为空间的稳定力量。

　　几近纯白的客厅、厨房、露天琴房、楼梯全部融进开放式的空间配置里，以不同色阶及材质来做空间区域划分，塑造简约时尚意象。几近冷调中，黄以铮设计师以靛蓝与粉肤的拼图式客厅桌与水蓝、浅紫二张造型椅带动空间活泼，鲜艳的色彩以绒布包覆，在跃动中通过材质的转化沉稳整体空间。

　　拾级而上转角处藏身一推门式储物柜，兼具展示功能，连贯屋内氛围的净白通透持续在此演绎，悬于天花板下的红色造型吊灯成为空间视觉焦点。

图片提供 铮峰国际

荧光·游戏屋

在一片纯白干净的主景中，以缺角的电视墙设计营造解构况味，置于其中的展示物品成为大片留白空间的装饰点，皓棋设计王文凯设计师以机上游戏机为概念，让上下亮绿透光饰条点出空间主题，仿若见到大型xbox跃然墙上，营造大型游戏间氛围，再辅以黑系皮制沙发安定欢娱的浮动分子。

以鲜亮色系与金属钢构架构科技新贵的时尚生活，设计师在主卧室空间再度搬玩光与色的游戏，卷帘设计为两截式，下方遮掩出柔和起居空间，上方引入户外自然光源照亮室内，鲜黄色壁板在自然光引动及间接照明下投射出年轻鲜明的时尚风情。

图片提供 皓棋设计

暗紫深红·冷冽时尚

　　由金属、皮革、绒布、木材、玻璃构筑的客厅，以现代冷冽融合低调奢华手法衬托出主人出众的时尚气质。主墙上的线形交叉沟纹在嵌灯光源投射下，不规则几何光影与交叉沟纹交织出空间丰富度，与一旁落地窗的波纹纱帘做线条上的相互呼应。

　　在一派深沉现代冷冽中，里欧设计偕志宇设计总监以暗红色绒布沙发搭配黑系皮革沙发，不仅丰富客厅视觉，也瞬间温暖室内温度，搭配沙发上的暗紫色毛皮抱枕，在小地方融合异材质低调色彩提升视觉温感。

　　嵌在沙发边桌墙面上的造型壁灯，运用间接灯光映照出鲜艳的亮红色，在冷调的壁面上发散出鲜艳醒目的视觉焦点，与前方的暗红色绒布沙发单椅共同在冷调的基底空间制造温暖热情的视觉。

图片提供　里欧室内设计

橘红格纹·满室温馨

　　考虑一个家庭的居家空间，三分之三空间设计黄郁隆设计总监以主人喜欢的红色为出发点，以红色调沙发为主体，营造温暖的居家空间。

　　电视墙与客厅主墙皆以浅色系白橡木做呈现空间一致性，并在主墙上勾勒出简单线条活泼墙面表情，在轻盈色系的衬托下，橘红色布面沙发跳脱主体色系成为客厅主角，格纹铺面设计软化色彩张力，营造温馨氛围。

图片提供　三分之三空间设计

亮橘嫩粉 · 公主梦

　　大面积的空间里，义德空间设计叶明原设计师不仅替房主解决了屋内畸零空间的问题，还用了珪藻土立体触感搭配石材、实木、间接光源营造新古典意象。浅白柱面搭以深色木做柜子，在客厅与餐厨全开放的空间里，加深区域开阔效果，营造大器沉稳风范。

　　对称对外窗让光源平均洒入室内，亮橘色皮革沙发在光流的引动下反射出温暖光芒，在沉稳大器中点亮室内空间，使区域表情趋于变化性。

　　设计师在不同的区域打造不同的空间表情，女孩房就以粉嫩的粉红色铺排女孩的天真与浪漫，粉红寝饰搭配床头墙上的粉红花朵壁纸，房主的掌上明珠可在自己的小天地里安稳地进入公主梦乡。

图片提供　义德空间设计

浅绿碎花　英国乡村

　　张馨室内设计事务所的张馨设计师认为，过度的硬件反而让室内空间难以变化，强调在软件上适当的搭配，便能营造舒适的居家环境。因此舍弃传统英国风的线条繁复精细，强调乡村的亲切自然，以调和淡雅的色调打造英式乡村风格。

　　以白色为基底，暖木色调的家具，在采光良好的客厅地区，选配浅绿色的布面沙发与壁面，搭配同花色的窗帘与抱枕，营造一股安稳清新的特质。

　　在舒眠区采以同样手法，拿掉多余的铺陈与设计，以深紫色妆点主卧室大人感、小碎花加上粉红色营造女孩浪漫、以轻快的白色交杂浅绿色让男孩活泼快乐成长，通过寝具的颜色变化营造不同空间表情。

图片提供　张馨室内设计

光的语言 · 灯光变幻之美

在寸土寸金的现代居家空间里，区域的定义不再被设限，例如：最早发现的是和室空间可以兼具休憩、品茗；直至现在兼具客房、书房等使用功能。而形容词汇也从"和室"演变成"多功能休憩区"！

或许如此，才能获得空间使用最大值，而于居家区域的新鲜赏味期限，可以更具体而长长久久，通过设计者的专业及细腻配置创意，转个弯，空间大不同，接口变得隐匿而具戏剧性，颠覆您的想象，许您一个精彩保鲜的居家新感受！

几何天花 · 说出趣味变化

似彩带萦绕天际的优雅天花板设计，是精彩美学的着墨之一。城市设计陈连武设计师擅长安排天花板光影变化，让空间充满丰富表情。

在建筑物细梁过多的空间里，原本的枝枝节节影响视觉轮廓，设计师陈连武遂以飘浮云彩的形象，勾勒如行云流水般线条的天花板，软化了梁柱凌乱细碎的状态，同时，也让整个空间量体更为轻盈、高挑。行云流水的线条，成为视觉最美丽的相遇。

不规则的几何天花板，由一盏紫色水晶灯开始。极具创意的发想从餐桌延伸开来，雅致奢华的水晶背后，表现几何排列的现代风格，连贯延续全室的主轴开展。水晶造型作灯光计划，赋予空间现代立体氛围。

图片提供 城市设计

柔美角落·说出静谧背景

将楼梯与客厅的端景，纳入视觉重点，让每一个空间都能成为人生活的背景。上景设计特别重视生活里的细节安排，空间里每个视觉的落点，利用灯光的变换来表达空间的风情，人随处活动，通过灯光背景随着铺排背景，因此在大门一进即看到的梯间，安排端景，随着楼间斜面与柔美光源，成为回家映入眼帘的美景。

梯间天花板板多层次的几何造型，利用带有艺术感的灯光与几何造型，让住家在上下楼层时，心情自然转换。楼梯栏杆以不锈钢扶手交错的线条，配合间接灯光构成阴影明暗的变化，增添许多艺术气息。

不倚靠硬件墙面的沙发，竖立的香杉形成格栅当成沙发的背景，将自然气息带近家中，缔造浓厚的乡村风味，配合灯光流泄，晕黄的灯光将木材质地映衬出静谧气氛，随处都是富有诗意的灯光端景，营造好似度假般的感受。

图片提供 上景设计

圆弧圈划 · 说出愉悦氛围

　　圆形，给人圆融和乐的氛围，里欧设计利用圆的特质，使之成为空间界定的因子，玄关或客厅，利用不一样的凹凸变化，不一样的色彩光度，散发不一样的气韵，而共同的是，由圆形成的界定，成了生活区域的滑顺元素。

　　特别是大宅特有的独立玄关，开门的瞬间，惊喜脱口而出。栉比鳞次排列的镜面，是鞋柜的精致表材，加以高雅的水晶吊灯辅以圆滑的划分，这处独立、方整的玄关空间，灯光通过鞋柜镜面，反射出不同的光晕，为空间添增饱满愉悦的气氛，也因色彩铺排洋溢浓厚的浪漫贵族气息。

　　而在客厅的界定上，以女主人酷爱的水晶吊灯为中心，圆形天花板与基地架构相互呼应，特意将圆截断做出半圆形灯盒，虚实之间巧妙跳脱制式化的美学窠臼。

　　顺应格局线条，萦绕的圆形灯盒，造型既呼应空间，又跳脱雷同僵化的美学窠臼。赋予浓厚的趣味性，天花板单纯的颜色排列，搭配家私浓烈的彩度及丝绒质地，满足女主人喜爱的奢华情调，也顺理成章定义出客厅领域。

图片提供 里欧设计

穿越无碍‧说出开阔连绵

　　空间的动线与线条，硬件配置的固定，却能因为打上不同的灯光，造就不同的感官享受，青田苑设计设计师通过空间开放规划，分别营造出开阔的通透感及区域各自的独立性。

　　通过天花板造型及灯具使用的不同，用来增加区域内部的层次变化。让位于同一动在线各个空间延续、穿透。天花板木作线条的延展变化、灯光的贴心规划，区域开阔的大器质感表现，塑造时尚前卫的空间三维效果。

　　青田苑设计师江文苑从定制的设计概念出发，为每个业主创造不同的空间概念，造型、灯光，将弧形的语汇带入空间，弧形的天花板造型配置LED光源，随着颜色在天花板的延续感，给予丰富幻化的视觉享受，而地上角落里的造型立灯，让空间在轻重之间的比例达到平衡。

　　江设计师运用灯光的丰富层次、材质的纯熟统驭，能精心打造专属都会单身贵族的生活品味，利用色彩的转换，用前卫时尚的语汇出发，让颜色的精彩、配合材质的质调，轻重间的虚实比例、光源的律动，做到恰到好处的拿捏。

图片提供 青田苑设计

纯粹独立·说出空间分界

　　空间的独立不光只能利用硬设备，由上落下的灯具，反而能让空间在不自觉中，自然而然地被界定，而各自纯粹独立。邑法设计宋明翰设计师，利用吊灯的设定，配合采光条件，巧妙配置出各区域的适当位置。

　　其一是走loft仓库式的开放格局的空间架构，针对无隔断设计，使用灯光作为空间分野的无形媒介，全屋的中心安排圆形桌椅作为阅读区，即使是完全无区域划分，圆形的造型灯具遂成了自然的界线，在专属光影的映射下，也跳出独立而显眼的地位。而造型相仿又颜色各异的顶灯，则将客厅及更衣两个区域，彼此串联呼应。

　　其二为白色基调，采用许多装饰手法放大空间视觉效果，随着光源伸展，拉长景深；利用3.6m的屋高，设计师营造出高低层叠的趣味变化，在靠近楼梯处，设计师利用楼高3.6m，将下层安排为仅需座位高度的书桌区，利用圆形吊灯界定座位的排列，勾勒出犹如小型图书馆的气质氛围。

图片提供 邑法设计

点缀流转·说出诗意个性

　　果陀设计由于其设计总监river的建筑学院教育背景，与其他设计公司最大的不同，在于对program的设计要求极为严格，他认为programing才是设计的精髓所在。相对于一般那种"神来一笔"的即兴创作，他们更相信设计应该是空间本质、内在及其美感经验的演绎过程。

　　希望通过更内在的方式，去处理每个设计案的意义，或从其更具诗意的路径中想象及感受这样的空间所产生的各种可能。通过灯光的设计强化折纹珠光壁纸的戏剧效果，以干净利落的整体墙面取代一般俗艳的主墙设计，整个空间看不到任何流行的元素及材料，纯粹以材料本身的质感与空间的穿透流动塑造氛围。

　　简单利落的天花板造型搭配名师设计的水晶吊灯，突显了设计感也减少了匠气。沙发间所塑造的角落以"空间"的形式取代一般单纯地用边几这样的"家具"处理，灯光的安排随着空间的使用变化点缀在其中，光线的流转光晕成了诗情画意的铺展，角落的布置更有戏剧性与深度。

图片提供 果陀设计

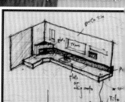

交错意象·说出凝聚内敛

餐厅里，缔造愉悦的用餐环境，绝对是空间设计的重点，鸿样设计郑惠心设计师，让黑色的时髦氛围成为空间的主调，再通过光照的设计及装饰美学的铺陈，恰到好处地为冷硬的背景呈现柔焦效果，点缀现代温柔的调性。

其一以淡淡形体造型，将纸飞机散发光芒，轻轻地飞翔于客席之间，以一种优雅又不会惊扰到用餐客人的低调形态，机翼缓缓的、轻轻地滑过。延伸的光翼成为凝聚目光的焦点。

其二巧妙加以运用小巧的灯具，让一盏盏玲珑有致的小灯，铺排在用餐空间里头，通过灯光给予空间连续感的幻化。而相较于释放，郑总监选择"收"的内敛，端景则以形如枝芽错落生长的语汇，规划展示书架，为空间注入人文气息。

图片提供 鸿样设计

玩黑？玩白？
就是要黑白！

经典，不变酷，不受时间的限制，好比黑白，从一种氛围里解释，有相同的旨趣，不一样的表情。

谁说经典的黑白一定是现代或奢华或时尚的代名词？既是经典，就象征一种不败的特质，将并比而存的彩度，引导出当下的时间感，风格的定义，随着生活及家具的排列，诱发空间存在的意义及价值。

从视觉的效果衍生出强烈的对比张力，从不同设计者的创意里，搭出各种变化和丰富而精彩的生活品位。由黑白色系作为主色调的元素，向来是空间设计的经典。如果将黑白潮流适当地融进一些清新的元素，更能制造出不同的风格取向，营造出温馨静谧或现代神秘或时尚奢华的区域氛围。

在公共空间的运用上，黑白彩度的变化，反应在颜色或质材的喷、染、烤的处理手法上，再搭配不同的家具及软件，以增加相辅的质感呈现，配置后的视觉感受令人诧异，不仅足以放大空间感，还可减少压迫的视觉效果，品味与价值感一应俱全，将黑与白的经典，完全展现。

1. 通过开放方式的表现，开阔大方的磊落气势，瞬间成立。（富亿室内设计 提供图片）

2. 在色彩黑与白的基调里，以软件作风格的衍生搭配，轻易地勾勒出时尚奢华的高雅品味。（程翊设计联盟 提供图片）

3. 黑与白，将休憩时需要的宁静氛围完全的表现出来。（邑法室内设计 装置艺术 提供图片）

4. 利用水晶灯、大理石、古典意象的图案，塑造出另一番不同于法式古典的金碧辉煌、美式古典的优雅、英式古典的低调内敛，以时尚、独特的高贵姿态，制造出生活的另一种价值。（if室内设计 提供图片）

通过线性形状的概念衍生出彩度冷冽意象中的温度。

白，或许纯净，却少了点感动；黑，或许神秘，多了点沉重。二者之间或多或少的平衡关系，实际主宰了空间温度的变化，而将立面之间的锐角稍作修饰，空间就变得温馨而平易近人了。

1.2.利用圆形、大面积的白色与局部黑色做玄关区域的视觉分割，化解地域上的局促感。（程翊设计联盟 提供图片）
3.通过灯光、材质的线条，塑造出不一样的黑白味道，与时尚感更为贴近。（官山设计 提供图片）
4.弧形收边的天花板设计，为公共空间增加内敛的温度。（境庭国际设计 提供图片）
5.黑与白的彩度里，通过线条的衍生，不仅表现出不同区域的生活发展，更有引导视觉延展的效果。（李靖纬空间设计 提供图片）

3

开放区域关系里的界定范畴，依循着黑与白的肌理，将有限的地域概念发展出无限开阔的延展意象，在不同比例、不同线面的切割关系中，为空间感做不同的关系陈述，质感与品味自然而然的存在。

1. 你以为的黑白，不止一种深度，通过或深或浅的彩度，空间的简约及利落，正悄悄地展开。（果陀设计有限公司 提供图片）
2. 利用镜面材质，将黑白的经典意涵在有限的区域里无限放大，营造更丰富的生活价值。（程翊设计联盟 提供图片）
3. 以区域开放介质及家具做空间上的比例切割，给予开放区域不一样的大器感受。（玉马门设计 提供图片）
4. 黑色，以不同比例呈现，深浅之间的层次，通过光影的交错，空间旨趣更为强烈。（兆庭设计 提供图片）

1. 黑白之间通过材质的镜射原理，轻易地放大了空间感，同时赋予一种宁静的感知享受。（尚艺室内设计有限公司 提供图片）
2. 以对称比例作为空间协调元素的延伸，利用黑色反射材质，作为平衡介质的张力表现。（铮峰国际设计 提供图片）
3. 通透的材质与黑白之间，更能展现空间深邃而迷人的现代魅力。（界阳设计 提供）
4. 通透的介质以黑色的框架划分出不同的区域，利用这份利落，轻易为阅读空间铺落舒适的氛围。（张馨设计 提供图片）

材质的镜射效果，也意外地让黑与白的色彩在空间纾压与放大的效果上拔得头筹。以为有限的空间效果，顺势放大，得到更深邃的视角感受，也在黑白之间得到凝聚的焦点。

2

3 4

不被具体定义的区域

在寸土寸金的现代居家空间里，区域的定义不再被设限，例如：最早发现的是和室空间可以兼具休憩、品茗；现在也兼具客房、书房等使用功能。而形容词汇也从"和室"演变成"多功能休憩区"。

或许如此，才能获得空间使用最大值，而于居家区域的新鲜赏味期限，可以更具体而长久，通过设计者的专业及细腻配置创意，转个弯，空间大不同，接口变得隐匿而具戏剧性，颠覆你的想象，许你一个精彩保鲜的居家新感受。

书房 隐匿设计，成为客厅的部分

转个弯，空间大不同。

将书房格局隐匿规划，成为客厅的部分，加大了客厅的使用面积，更直接的加大视觉于空间的真实感受。戴维麦可设计设计总监张紫娴于规划时以书房为整体动线轴心的概念延伸发展出区域的使用价值。

全区采用清浅颜色铺排，并且在柜子的设计安排上，采用同款的设计，通过家具的完整度及协调律动，加深空间的开阔、大方与质感。通过Π字书柜设计，将收纳、展示、储物功能全部考虑进去，而活动式的书桌设计，更是堪称一绝，不仅可以完全收入柜子之中，空间顺势成为客厅的部分，同时加深公共区域的空间感受。

图片提供 戴维麦可国际设计工程有限公司

卧室 隐喻规划，让卧眠、阅读、起居合而为一

空间有限的个案规划里，多会沿窗设计规划卧眠空间。

在基倍设计团队的规划里，空间的价值再次被放大，利用轻材质，做其中的摆设接口，通透的感觉让视觉得以舒展开来，而不致产生压迫感。同时考虑到人体工学设计，设计师通过地板架高设计，让桌面底下有伸展的空间，工作时不需盘腿而坐，以免造成姿势上的不舒适。

区域的功能也同时延展成为和室、书房、起居室，结合了卧眠、休憩、阅读等功能。从架高地板设置小阶梯，隐匿的接口将卧眠区域与客厅明确分别开来，并利用两者地板间的落差规划抽屉式的收纳柜，增加小空间里的收纳功能。

图片提供 戴维麦可国际设计工程有限公司

工作室 1+1大于2，让工作沉溺于阅读的乐趣里

通过空间挑高4m的高度变化，让空间的使用功能1+1大于2。

全区利用清浅色系搭配充足的光影表现，将空间层次的表情呈现得利落而完整，完美地将书房需要的宁静氛围与工作室的严谨态度加以漂亮的结合。

以纯白色系成为主要规划工作区域的架构颜色，具有放大空间的视觉效果，从业主藏书及研发的新品为空间注入色彩，增加层次深度。红色窗帘作为以黑、灰、白彩度基调的视觉焦点，应对于大面积留白的空间，更能强烈感受其中的张力变化。让工作的乐趣，完全沉浸于阅读的氛围里……

图片提供 玉山开发设计有限公司

和室 休憩区域的多功能变化

空间以白色做背景，可以将视觉有效地放大。

在现代元素的个案表现上，铮峰国际设计团队利用大量的白色作空间彩度铺排，通过实木地板、隐藏式的壁柜设计，在客厅与多功能休憩区之间，白色为背景基调，白底红色花砖作壁砖处理，红色台面规划出视觉上的空间焦点表现。

让空间同时成为和室、客房、休憩区域使用，多功能休憩区域以明镜搭配烤漆做与客厅之间推拉门扉的界定安排，并引入大量自然光源，同时放大了视觉效果。轻而易举地整合了空间之中的和室新概念，顺势放大了空间的使用面积，提升了居家品味及舒适度。

图片提供 铮峰国际设计

厨房 厨房+吧台+餐厅,领略时尚前卫新感受

厨房空间,通过材质、颜色的串场,居然可以时尚而前卫!

詹芳玫总监有着专业而独到的美学涵养,融合了擅长料理的男房主所提供的建议,将生活需要的使用功能,落实于厨具及吧台设计之中,量身打造出厨房的开阔大气质感。

而吧台更兼备餐厅区域的使用功能,以开放式规划,成为空间功能性的延伸,同时也满足了十分好客的两夫妻。运用黑白并存对比设计出来的主题餐厅厨房,通过色彩变化作为空间层次的趣味安排,以黑色烤漆玻璃连接白色人造石台面及吧台做跳色处理,展现十足的现代感氛围,黑色挡水墙系詹设计师为了避免水花溅出的贴心设计,与白色吧台做交错安排,精致时尚的品位态度自然不在话下。

图片提供 程翊室内装修工程有限公司

阁楼 跳脱狭隘、局促、高度的传统空间变化

依据挑高区域上下楼层所需高度的不同，而规划有三种不同的挑高表情，功能充足，使用更为便利。

运用白色之优点塑造空间，胡来顺设计总监善于融合各种异材质，于此运用各种不同白色的材质搭配，如雪白银狐大理石电视墙客厅挑高气度更为开阔；烤漆玻璃、喷纱玻璃、清玻璃的交替运用，呈现出现代时尚的清透白色质感。

而在三间挑高套房打通的住家规划上，设计师利用高低落差的高度变化，将空间动线与格局一并考虑在内，三个挑高阁楼即依据挑高区域上下所需高度的不同，而规划有三种不同的挑高高度，更可让业主通过不同的生活规划做不同的空间变化使用。

图片提供 绝享设计

和室 书房 + 客房，整合多功能的休憩空间概念

和室的基本变化，不再局限于传统的单一使用功能。

鉴于寸土寸金的今日，和室区域的被定义不再狭隘，跳脱了传统的日式意象，通过架高地板的规划，在空间的使用功能上，更加多彩多姿。

在澄璞空间设计的团队规划里，不难发现空间的变化更具人性的品位及需求，于客厅后方将和室规划成为开放式格局并兼具书房、客房等使用功能的多功能空间，通过家具与家饰的精心规划后，改变了众人对于和室必只能以日式呈现的迷思，小巧的和室呈现出细腻新古典风采。

图片提供 澄璞空间设计

一亩绿设计工作室·设计师 姚廷威

改一扇门·变身两房

1

仅73m²的小空间里，原有三间卧室，却没有餐厅与进门换鞋区，为了满足房主期待家人在餐厅共同用餐与完整的电器柜收纳功能，一亩绿设计将厨房移至出入动线，争取出放置穿鞋椅的位置，并内缩墙面、架高书房地面，塑造完整的用餐区域，并带入木作温馨层次，打造功能齐备的现代居宅。

坐落位置 | 新竹
空间面积 | 73m²
格局规划 | 客厅、餐厅、厨房、书房兼客房、主卧室、儿童房
主要建材 | 木作、石材、铁艺、木地板

1. 餐厅： 后推部分书房墙面，让出餐厅位置，并通过清玻璃材质的规划，从视线上串联情感互动。

　　设计师在客厅保留原始地板材质，以黑白两色构筑电视墙立面层次，引入大面采光的景观窗并采用Π字木框收边，与电视墙右方的造型木作框形成完整的电视墙线条。用木地板的材质分出餐厅、厨房与书房功能，通过地面高低差与穿透视野的串联，使得在独立区域中依旧能保留情感互动，而特别规划的黑板漆墙面，更是家人间交流的留言涂鸦墙。木质向内延伸，主卧室与儿童房皆采用木作一体成形规划，简约中溢满温馨装饰。

1.**格局调整**：改变厨房出入动线后，争取出进门换鞋区及完整的餐厅功能。

2.**书房兼客房**：小巧的书房同时也可供客人留宿使用。

3.**大梁线条**：加入木作元素与拉斜面，修饰结构大梁进而产生线条律动。

4.**主卧室**：添加木质装饰，从床头板、床边桌、床架与卧榻，皆采用一体成型的规划。

5.**卧榻**：拉大面宽的临窗卧榻，下方蕴藏着大型物品的收纳空间。

1.客厅主墙：主墙采用黑金峰与云石大理石交织出恢宏质感，其优美的线条肌理，如画作般赏心悦目。
2.回归初心：用最放松的姿态席地而坐，重新省思人与空间的关系，回归最原始本质初心。

　　远离市区的喧嚣，来到拥有海湾景致的三芝，这里有着最悠闲的生活步调，可以尽情地放松与大自然对话。设计师为寻求心灵解放的房主装饰了一间幸福小屋，可以用来与家人度假与亲友聚会。

本案格局方正完整，设计师破除既定区域划分的概念，将内外空间做有效的规划，构筑形随功能的敞朗空间。舍去繁杂的线条与装饰性的软件，以最开放的设计将客厅、餐厨区连接起来，营造出穿透感与丰富表情的居家氛围。在这里，可以用最放松的姿态席地而坐，重新省思人与空间的关系，回归最原始的本质初心。

1.**想象发挥**：挑高的开放空间，视野可以无限延伸，以黑板漆作为端景的墙面，除了作为视觉重心，也能让孩童恣意涂鸦、发挥想象。
2.**丰富层次**：简洁造型的灯具与线条的立面表现，成为视角延续的元素，也让整体空间饶富层次。
3.**梯间设计**：外观造型相当轻盈的黑铁楼梯，不显过于分的重感，侧边设置45cm的收纳柜，以勾缝式的线条设计展现简洁立面。
4.**光氛营造**：转入第二层卧室空间，同时也设置虚与实的柜面；上方更有一排情境灯光，能作为夜间的小夜灯使用。
5.**空间穿透**：舍去繁杂线条与装饰性软件，以最开放的设计将客厅和餐厨区连接，营造出穿透感与丰富表情的居家氛围。

坐落位置│新北市
空间面积│59m²
格局规划│客厅、餐厨区、主
　　　　　卧室
主要建材│钢丝、镜面、铁
　　　　　艺、黑板漆、大理
　　　　　石、人造石

迦南室内设计工作室·设计师 林诚嘉

多角畸零屋·
变身时尚美型宅

由于已是20多年的老房子，在屋况的修缮与空间规划上均需费更多的心力。本案拥有绝佳的视野景观，但却是有着多角切割的歪斜房型，因此设计师从格局重整规划方向入手，逐一将畸零空间整合出玄关收纳功能空间，而电视墙与厨具设备，沿着长向切面配置，将阳台空间延伸成厨房，争取出更多可以使用的功能空间。

坐落位置 | 台中市·南屯区
空间面积 | 83m²
格局规划 | 3室2厅2卫
主要建材 | 皮革、茶镜、超耐磨木地板、钢琴烤漆、
　　　　　　　抛光石英砖、南方松

房主期待的低调奢华风，整体色系采用纯洁的白色，其中在景观吧台区的茶镜墙面，采用特殊切割的菱格纹导角与回旋流转而下的水晶灯饰，以从细节上表现精致细腻度，设计师克服施作困难，在沙发背景墙上铺陈细致立体绷布，让质感与氛围并俱。为呼应吧台氛围，主卧室中利用柜子划分出来的小玄关处，悬垂长形水晶灯串联奢华感，并保留原床头主墙金色镂刻外框，通过绷布与绒布钉扣设计，体现奢美气息。

1.吧台：视野绝佳的临窗吧台区，通过水晶灯饰与菱格纹茶镜墙，烘托低调奢华氛围。

2.餐厅：位于空间轴心的餐厅，周边配置造型统一的门板，分别通往主卧室、客房与书房，而客卫浴则隐藏在放大空间视感的镜面线条中。

3.格局分界：位于主卫浴前的柜子设计，巧妙地划分出主卧室的小玄关功能。

4.客卫浴：客卫浴进行重新设计，以现代样貌利落呈现。

5.玄关：设计师运用畸零区块，规划出完善的玄关收纳功能，利用镜面设计，延伸空间格局。

6.厨房：以黑白色的钢琴烤漆厨具，呈现出时尚的简约感，并将阳台的部分畸零区，纳入厨房空间的延伸。

7.主卧室：进门处有着悬垂造型的水晶吊饰，串联以床头金色镂刻外框，结合绷布与绒布水钻元素，完整诠释质感之美。

5

6

7

拉一片城市风景·营造时尚甜蜜家

境像开发有限公司·设计师 蒯本原

坐落位置｜桃园龟山
空间面积｜69m²
格局规划｜玄关、客厅、餐厅、厨房、储藏室、
　　　　　　主卧室、客房、卫浴×2
主要建材｜硅酸钙板、线板、木芯板、密集板、
　　　　　　烤漆、雕花板、玻璃、镜面

1

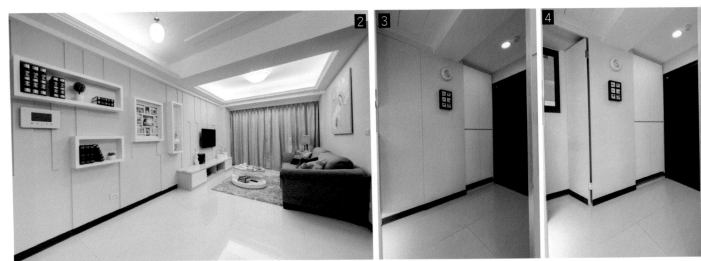

2 3 4

本案在69m²不算大的空间里，原先规划为3室2厅，设计师考虑到家庭成员简单，将进门处的小房间改为储藏室，进而拉大玄关进门动线，并调整通往公共空间的通道座向，避开穿堂风水问题，全身镜的安排，更方便出门前的仪容梳整。顺着端景柜的导弧线条进入餐厅，量身定制的电器柜以雕花门板隐藏冰箱，而深达60cm的桌台设计，更是放置未来宝宝用品的贴心设计。

在预算有限的前提下，以实用功能规划为主，营造现代时尚的风格氛围，设计师以延伸窗外的"城市风景"为概念，用立体密集板错落数组呈现立面，并将结构柱巧妙地包覆其中，且镶嵌造型展示柜在墙面上，让生活记忆与收藏摆饰温暖家的表情。来到主卧室，设计师延伸餐厅雕花板元素在衣柜门板上，于床头梁下柜两侧塑造床头墙面的立体层次，而预定未来儿童房的客房，具备主卧室的功能，除了有完备的衣柜设备，还将男主人的书房与女主人的梳妆桌整合在其中。

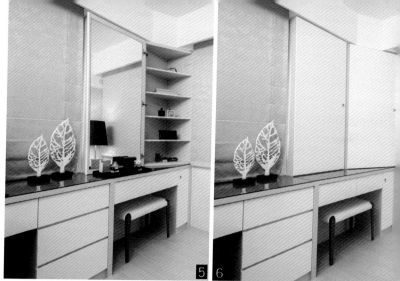

1.**餐厅**：顺着导弧柜进入公共空间，餐厅与厨房采用半穿透黑玻璃门规划。

2.**墙面线条**：以"城市风景"为概念衍生的墙面，融入收藏摆饰与生活记忆，在现代利落中带有温暖表情。

3.4.**玄关&储藏室**：打掉一房后，不仅拉大玄关动线，更增添了储藏室的收纳功能。

5.6.**梳妆台**：利用墙角深度规划的置物柜，可完整收纳大量的瓶瓶罐罐，同时规划可旋转135°的镜子，方便女主人使用。

7.**多元功能**：铺上木地板后，可以是客房、未来的儿童房，也可以是小憩阅读的休闲空间。

8.**收纳空间**：除了雕花门内的衣柜空间，梁上亦规划可收纳竹席等长形物件的储物柜。

复式概念·
生活新主张

　　"带入崭新格局的复式视野，重启新生活的简约主张。"依据光感汇流的区域关系，理清居住者与空间的合理逻辑。设计师以温馨知性的质感内涵作为基底主题，善加利用既有的4.2m房高优势，配合功能随形的流畅动线，为幸福居所逐一做出完美标记。

坐落位置 | 台北市
空间面积 | 66m²
格局规划 | 玄关、客厅、餐厅、厨房、卧室x2、卫浴
主要建材 | 实木百叶、木皮、大理石、烤漆玻璃、黑板漆、木作

出头木百叶营造出光影交叠的场景氛围，为轻透空间调制着让人迷恋的专属质感。伴随着利落深刻的线条笔触，在于感木纹的细细铺陈之中，藏入巧妙构思的暗门卫浴动线，既避免视觉上的多余切割，又维持了主题的完整性。以吧台安排取代常规的餐桌规划，更加贴近实际需求，也兼具功能的灵活弹性。各种特色软件的精心点缀，让风格层次更加丰富、耐人回味，也造就了历久弥新的经典品位。

1.**实木百叶**：以实木百叶营造出光影交叠的场景氛围，配合着不同形式的灯饰点缀，让主题层次更加耐人玩味。
2.**客厅望向吧台**：带入烤漆玻璃的活泼跳色，轻盈的空间节奏展现简约自在的浪漫风格。
3.**沿墙柜面**：上半部分以刻意区分的双色柜面，化解大面量体可能随之而来的视觉压迫。
4.**明室光感**：依循日照程度随兴调节的自然暖意，为空间量身打造舒适光影。
5.**黑板门板&书柜**：涂上黑板漆的卧室门板，配合拿捏巧妙的书柜规划，诠释着功能美学的独到见解。
6.**功能弹性**：当门拉开时，恰好形成书柜的视线遮挡，避免过于凌乱的收纳摆放，影响整体风格的简约利落感。
7.**上方卧室**：采取堆叠概念的复式手法，将其中一间卧室移至格局上方，配合玻璃隔断，让视野及采光得以串流对话。

伊太空间设计事务所·设计师 张祥镐

天母磺溪畔·骚人墨客居

在中国传统的笔墨中，书法不仅仅是文字与信息的记录，更是一种讲究布局的视觉艺术，在计白当黑、虚实相生的构图中，可见清风明月，可见万马奔腾，可见诗人心绪；空间如是，伊太设计以磺溪的绿意景致为画布，材质为笔墨，锱铢于功能布局的美感，在行云流水的动线中，思考空间景深、光线、视觉美感，创造出一处抒逸骚愁的质感居所。

坐落位置 | 天母
空间面积 | 195m²
格局规划 | 玄关、客餐厅、厨房、主卧、次卧×2、阳台、卫浴×2
主要建材 | 普罗旺斯大理石、实木、铁艺、黑镜、绷布

以木质与铁艺铺陈富于气质的现代人文质感，为女主人创造一处雅致静谧的书法创作空间，在磺溪畔的绿意景致中，气势磅礴的普罗旺斯石材主墙，跌宕迤丽的纹理起伏，由采光面拖曳自然韵味进入空间，仿佛日光在立面书画着笔墨行迹。

而虚实的空间层次在功能中被细腻斟酌，由玄关、私人领域廊道以采光收尾的走道动线，与穿过电视主墙侧的穿透隔断，在细腻的虚实构图之中，借助光线与景深创造出深不见底的内敛质感。

1.餐桌与书桌：铁艺格栅与木质在天花板营造跃动的视觉感受，此区域不仅为餐厅也是女主人挥毫创作的空间。

2.客厅角落：恰好位于树梢的楼高，在窗前摆置单椅与造型立灯，躺卧于此可享受绿意暖阳相伴的惬意。

3.空间分界：大面积的导光面带入自然绿意，大梁铺以实木色泽纹理，"暗示"功能区域。

4.景深层次：由主墙一侧的穿透隔断，深透主卧的景深视线，落在空间轴线的另一端。

5.主卧室：床头隔墙两侧折角将床铺独立于空间中心，预留后方的衣物收纳使、动线更加完整开放。

3

4

5

京玺国际股份有限公司·设计师 周谯如

明亮×通透·度假居所

　　本案为某知名网络团购公司董事长的私人度假居所，设计师以LOFT简约北欧风为主轴，明亮的日光、温润的原木、通透的视野，虚实配置淬炼出空间的层次，引申出空间的自在活力。在清透介质的张力中，舒适和谐的居所不经意地感受一种悠然畅快的层次律动，大面积景观窗从不同角度洒入充沛光线，让居住者可以释放视野远离都市的喧嚣。

建筑形式｜跃层
空间面积｜63m²
格局规划｜客厅、吧台、汤屋、厕所、阳台、卧室、观景区
主要建材｜梧桐木板、实木门、实木木地板、玻璃、进口布幔、定制铁艺

落地原木书柜，垂直的空间动线分配不同功能需求，有效地建立空间开放感受；线条柔软的窗幔及现代感的画作调和空间的冷硬，提供简洁温润的氛围，纾解空间压迫感。 质朴的线条与媒材搭配实木自然肌理的表情，空间中淡雅的色调传递一种内敛优雅的生活质素，串联起空间温度与城市脉络，与室外相互呼应自然的调性，在开放与自由间出入，重新被赋予舒适和谐的意义，体现出城市风格与韵味的变化。

1.视野：穿透式的阳台女儿墙，使客厅保留得以眺望远山市景的宽广视野。
2.软装：以灰阶为主的软件配置，对比书墙的木质感，呈现时尚、柔和的色调。
3.挑高：大面的采光优势，由天花板垂至地面的大片窗帘拉高了空间尺度。
4.书墙：同样顶天立地的书墙，在挑高空间中贯串上下层动线。
5.楼梯：保留些许的自然采光，以简约壁灯补足光线亮度。
6.功能：为创造卧眠区的安定，采光面及玻璃隔墙处备有拉帘。
7.床头：以柜子推开梁下空间，棕色的底墙色调为空间微微加温。

烽雅空间美学有限公司·设计师 廖林钧

质朴温馨小屋·
营造乡村幸福感

　　细数美丽的回忆，设计师特地将房主一家的相片摆放或挂置在空间各处，让幸福的时光俯拾可得，也可以见证小朋友的成长过程。在材质的运用上，撷取大量的天然材质，如木质家具、人文质感的文化石与复古砖等，其呈现的质朴温馨，完美演绎乡村风"家"的温度。

坐落位置｜新北市八里
空间面积｜56m²
格局规划｜客厅、餐厅、主卧室、儿童房、卫浴
主要建材｜复古砖、马赛克瓷砖、超耐磨地板、文化石

1

2

1.玄关：设计师使用朴质的水泥粉光作为玄关地面，并缀上皇冠造型的马赛克砖，丰富了进门迎宾的神采。
2.沙发墙：使用热门的材质文化石，既铺叙人文气韵也演绎乡村风的自然感。
3.乡村元素：地面铺设复古砖与木质元素的餐椅，塑造空间浓浓的乡村况味。
4.厨房：L型的台面配置动线十分顺畅，在中岛吧台品茗聊天，是下班后最开心的时光。

1.**主卧**：轻浅的调性赋予空间适度的安定感，床头背板结合床头柜的木作设计，除满足功能外也轻松拥有迷人风貌。

2.**书房**：绿色的漆面带来清新气息，同时以木工定制书柜与书桌跳色，塑造出独树一格的阅读氛围。

3~4.**卫浴**：纯白的卫浴空间，使用贝壳亮面与银色和金属质感的马赛克砖，让区域增添视觉的惊喜感。

睿丰空间规划设计有限公司·设计师 林昌毅 王淑桦

40m² 小套房·变身乡村风游戏大城堡

1 **2**

3

住在寸土寸金的都市里，要在家里打造可以让小朋友自由跑跳的游戏室，是大户人家才有的奢侈，爱子心切的房主夫妇购入这处挑高小户型，希望打造一处独一无二的游戏城堡。设计师在地板下方增设隔音垫，并铺设韵律教室专用的运动地板，小朋友可无拘束地挥洒精力，同时在楼梯处规划穿透性安全扶手，而衔接楼板处的三层阶梯具备伸缩功能，可防止年幼小朋友攀爬上楼，二楼则打造可旋转造型屏风，兼具安全性与玩乐功能。

　　除了游戏室功能，还可作为未来小朋友上课的教室空间，设计师在天花板内嵌投影布幕，并在鞋柜上方规划操作视听设备的计算机抽盘，另外定制六个彩色小桌子，只要放上桌板即可上课或画图，平时则可收于台面下作为抽屉收纳功能；白色大面烤漆玻璃可让小朋友涂鸦，也是老师的上课黑板。考虑到未来出租的可能性，设计师保留了完整的居家空间功能，充分运用墙面与梯下空间规划出收纳功能。本案从多元运用的角度出发，既是小朋友的游戏城堡、爸爸玩电动的秘密基地，也是未来增值的出租式套房。

1.玄关：设计师利用鞋柜深度，隐藏抽拉式穿衣镜功能。
2.伸缩楼梯：可活动的伸缩式楼梯不浪费楼板面积，也可避免小朋友随意爬上二楼。
3.多元功能：考虑到未来可能的出租计划，设计师从多元使用角度切入规划。
4.卫浴空间：具备对外窗的卫浴空间采用透光连动拉门设计，用来解决门框过小的问题。
5.活动式桌子：特别定制的彩色桌子平时可作为收纳式抽屉，亦可加上桌板变成小朋友的上课与画画桌。
6.二楼：透视隔屏的设计可由视线串联上下楼层。

坐落位置｜台北市·天母
空间面积｜40m²
格局规划｜1室1厅1卫
主要建材｜隔音地板、海岛型木地板、烤漆玻璃、茶镜、木皮、彩绘玻璃

4

5 6

小型办公空间·时尚轻工业风

卓林设计·设计师 林绎宽 陈慧娜 彭瑞蕙 林家康 吴希特 范也益

本案是一处长达40年的老房子，有着挑高3.8m的优越条件。设计师拆除旧有的基础与格局，通过充分利用立面与天花板的线条变化，以全新的面貌规划出办公室空间。独立规划在工作区外的接待洽谈区，立面运用文化石与塑铝板的异材质搭配，切割出其放空间的功能独立性，另在天花板处塑铝板格栅与波浪线条天花板，隐藏管线，并导引入内动线。

以轻工业风定调的空间配置上，进门处的展示区安排造型层架用户摆放建材样本，宾客坐在等候区时可翻阅的书籍，搭配轮轴设计的造型茶几，从细节处表现出轻工业风概念。后方的洽谈区立面通过线条切割增添律动感，并通过两盏造型独特的照明灯具，划分独立洽谈氛围。对面的吧台区兼具茶水间功能，以水泥粉光涂装低调质感，并同时隐藏厕所门，结合文化石与纽约帝国大厦夜景画，在爱迪生灯泡的光氛映照下，使轻工业风氛围更加完整。

1.**立面造型**：在立面上，运用文化石、塑铝板、喷漆与粉光水泥多种元素设计规划。

2.**等候区**：抿石子矮墙塑造沙发区的安定感，而轮轴桌脚茶几的配置，则是从细节处表现轻工业风味道。

3.**天花板线条**：层叠有致的格栅、波浪形天花板与间照，通过垂直面向的变化增添设计感。

4.**吧台**：水泥粉光规划的吧台兼具茶水间功能。

5.**厕所**：在齐腰高的瓷砖上方，设计师手工融合水泥与牧草涂装手感墙面，粗糙立体的不规则纹路，让空间更显自然和不造作。

坐落位置 | 新北市 · 新庄区
空间面积 | 66m²
格局规划 | 小休憩区、洽谈区、吧台、展示区、工
作区、厕所
主要建材 | 塑铝板、水泥板、文化石、塑料地板、
水泥粉光

放大空间感·立体小家哲学

南邑设计事务所 · 设计师 张译允

在50m²的小格局里，为了达成房主对于"纯白"与"大空间感"的向往，设计师在界定主卧室的墙面上加入灰玻元素以造成透光变化，并将厨房门改以立体几何切割线条，融入整体设计中，而吧台上方不到220cm的大梁，也通过造型天花板与菱形切割电视墙的修饰，打造出设计感十足的立体感小家。

1.**立体感小家**：大面日光通过立体切割的几何造型立面洒下，在室内筛落层次立体光影。

3

1.半穿透墙面：设计师在墙面局部加入灰玻元素，借助通透视野拉大空间视觉感。
2.电视墙：微倾的电视墙，通过菱形立体切割的造型线条修饰。

老房子的时尚变身

南邑设计事务所·设计师 张泽允

1.**格局调整**：拆除厨房门，让光线在公共空间里自由流畅。

1

坐落位置 | 新北市·中和区
空间面积 | 43m²
格局规划 | 客厅、餐厨区、主卧室、客房、卫浴
主要建材 | 木皮、木地板、乳胶漆、文化石

　　近30年的老房子有壁癌、漏水与地板凸起问题，设计师通过重新施作基础工程使整个空间焕然一新。设计拆除厨房墙面，而改用中岛吧台分界各独立功能，同时收缩卫浴空间，争取到大书柜的摆放空间，而大门、客卧与储藏室门皆隐藏在细浅的分割线条内，并通过门框的拉高化解屋高仅230cm的视觉压迫感。

1.**旧房翻新**：将近30年老房子有壁癌、漏水与地板凸起等问题。
2.**吧台**：原歪斜的吧台，用木作台面与文化石立面修复，并加入平整的设计线条。
3.**储藏室**：切齐吧台的立面内，隐藏通往储藏室与后阳台的门。
4.**主卧室**：延续公共空间灰色调的色系铺陈，营造主卧室的宁静氛围。

威枫设计工作室·设计师 刘玉琪 李静茹

逆龄顽童的秘密角落

　　延续着童年的美好元素，小火车飞驰上了墙壁，玩具们看似不经意地摆设，实际上却巧妙安排于视线的每一角落，因为这是一个玩工作、做设计，专属于大孩子的秘密基地。

　　从室外看，不同于一般工作室的生硬表情，放低高度的围篱，敞臂欢迎着附近小猫与小狗的造访，轻松氛围里模糊了室内外的既定界线。

1

2

依序走进空间中，仿若回溯着时光记忆，复古装饰搭接上传统地板，大面积刻画着风格定义，而使用者自我思维下的几何色块，巧妙地转化为菱形为组合，缤纷地让人目不暇接。细细推敲形体意义后，还会惊喜地发现底景里，吊桥上有着一只凌空翱翔的老鹰，奋力振翅，如同大孩子的内心世界，充满趣味且富生命力量的图案，连接着使用者的赤子之心，也激励着为梦想前进的动人过程。

1.内与外：刻意向内延伸的窗台，是大孩子最喜欢的空间角落，因为每当喂养流浪猫时，趴在这儿便可以悄悄观赏着庭院里正在觅食的小访客。
2.菱形几何：多色域的活泼转以几何菱形组合、排列，跳色带动空间趣味。
3.色彩与空间：橘黄色调过渡进入双色错落的空间墙面，换上蓝色系的清爽，切换出接待区与工作区的不同用途。
4.装置艺术：过道间，小火车沿着轨道驶上墙面，不规则律动犹如大型装置艺术，引导着长形空间的动线关系。

位置 | 台北市·士林区
面积 | 50m²
规划 | 小庭院、接待
　　区、工作区、缓
　　冲区
建材 | 立邦乳胶漆

堆砌温暖 · 悠闲惬意

欧肯系统家具 · 设计师 林启宏

坐落位置 | 台北市 · 忠孝东路
空间面积 | 76m²
格局规划 | 客厅、餐厅、书房
主要建材 | 波斯灰、蓝星石、木化石、钢刷木皮、
　　　　　　　米洞石、茶玻璃

1.客厅： 从大门来到客厅，设计师将所有线条都化繁为简，并以钢刷木皮铺述空间基调，从客厅的电视墙到天花板，均以相同木质元素装饰。

设计师运用天然的质朴素材，在台北东区砌出灵气浑厚的空间，舒缓房主一家的心灵，也让返家的成员找到家的归属感。整体规划上，以利落线条来诠释现代蕴含层次感的设计符号，铺陈区域的表情。

恢宏明亮的客厅，使用钢刷木皮增添温润感，电视墙则采用米洞石及茶镜塑造大器质感。通过门斗来到餐厅区，设计师采用圆桌与圆形天花板线板呼应，象征家人间的圆满与紧密的情感。

1.**工作书房**：利用染色文化石增添文青质感，并能通过穿透感的茶玻璃一览客厅的景象。

2.**区域区分**：客厅与餐厨空间以门斗设计作区域划分，左侧作为展示及收纳，右侧作为入门后的端景柜。

3.**圆满意象**：采用圆桌与圆形天花线板相互呼应，也象征着家人间的圆圆满满。

2

3

迷你宅的复古工业风

筑鼎视觉空间设计·设计师 王鼎元

坐落位置 | 新北市·中和区
空间面积 | 30m²
格局规划 | 玄关、客厅、餐厨区、主卧室、工作区、卫浴
主要建材 | 抿石子、板岩砖、皮革、铁艺、实木、组合柜、美耐板

　　30m²的迷你宅，是房主的工作室也是休憩小窝，设计师在全开放的格局规划中，定制造型穿透式层架与双面柜，划分出独立功能，而同时运用皮革、铁艺、实木辅以投射灯等软件元素，搭配个人收藏物品，打造房主期待的复古工业风。

1.复古工业风：运用皮革、铁艺、实木及投射灯，构筑复古工业风的框架。

1.**空间划分**：具备衣柜与电器柜双面功能的大型柜，划分出独立厨房。
2.**穿透感设计**：开放式的穿透感设计，以意象界定空间功能。

3 | 4

1.品味工业风：搭配个人收藏物品，打造有个人味道的专属工业风。

2.工作区：兼具餐桌与工作桌的大型桌体设计，以风格各异的单椅拼构随兴不羁的时髦感。

3.造型层架：设计师预先计算收纳展示物品的数量，量身定制作为空间主景的造型层架。

4.卫浴：采用抿石子与板岩砖装饰的卫浴空间，塑造出柳暗花明又一村的清朗感。

改造三十年小家·
日式无印风

筑鼎视觉空间设计·设计师 王鼎元

已有30年房龄的59m²小房子，期待在收纳充裕的前提下，保留北欧极简的设计风格，筑鼎设计运用地面高低差划分玄关区域，并通过电器柜界定客厅与餐厨区，而工作桌整合进主卧室格局，以日式无印风格，打造出2室1厅的温暖居家。

1.客厅：木纹地板搭配净白墙面，在采用光明亮的向阳处，结合梁下间接照明规划客厅功能。

1.**日光明亮**：流畅的日光通道，让公共空间共享同一片灿烂骄阳。
2.**电器柜**：客厅收纳柜的后方是厨房电器柜，筑鼎设计整合收纳功能，让出敞阔空间。
3.**餐厅**：设计师将廊道纳入餐厅使用，不浪费丝毫空间。
4.**衣柜**：沿墙配置的大面衣柜，通过镜面的跳接转圜，消弭庞大量体感。

坐落位置｜台北市·民权东路
空间面积｜59m²
格局规划｜玄关、客厅、餐厨区、主卧室、儿童房、卫浴
主要建材｜塑料地板、美耐板、喷漆

3

4

清爽简约·找到家的表情

单细胞设计·设计师 李铭寅 庄佩玲

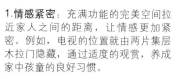

1.情感紧密：充满功能的完美空间拉近家人之间的距离，让情感更加紧密。例如，电视的位置就由两片集层木拉门隐藏，通过适度的观赏，养成家中孩童的良好习惯。

2

1.**幸福氛围**：客厅主墙采用文化石来表现，营造自然风与时尚感，并以照片墙来塑造视觉的焦点，充满家人欢聚的幸福氛围。

2.**缜密规划**：缜密规划空间区域，并以夹砂玻璃拉门划分餐、厨区域，保持空间的清爽感。另外在家具的选择上，特别压低高度，营造公共空间宽广的视角。

禾捷室内装修设计有限公司・设计师 Hj.Designer

轻美式・无压宅

　　轻履复古花砖玄关踏面，周围以菱纹拼贴的英式复古砖收框，衔接内区域处以百叶与木作壁板婉转修饰，表现出玄关浓浓的乡村情韵。木百叶窗外日光涌入客厅，与鹅黄色电视墙面亮彩室内空间，不足的坐卧功能，禾创设计采取卧榻安排作为沙发延伸，并通过文化石的包柱表现，巧藏收纳于无形之间。

　　开放式规划的公共空间，设计师利用内嵌形式的端景设计，界定出明确的餐厅区域，延续入口处门拱造型的收纳展示线条作为墙面主题，让创意得以呼应彼此。继续利用玄关地面划分格局的设计手法，在厨房采用原味质感的复古花砖，搭配散发着淡淡优雅的欧式门板，营造出更加完整的风格气息。

　　在有限的空间条件下，禾创室内设计融入别出心裁的特色元素，塑造出个性化小宅的理想形态，为保留宽阔流畅的行进动线，设计师以斜口衔接折门安排，横向表达出书房空间的开阔尺度，并在主卧室中，符合对称原则下的细节表现，在素雅气质中融入些许新古典元素。

1.客厅：采取卧榻安排作为沙发延伸，同时适当争取收纳配置的最大可能。

1.**主题呼应**：活泼鲜明的跳色演出以及门拱元素，延续主题同时呼应彼此。

2.**玄关**：以英式复古砖的菱纹拼贴收框，表现浓浓的乡村情韵，并通过百叶与木作壁板将区域性收纳婉转修饰。

3.**餐厅**：利用内嵌形式的端景设计，界定出明确的餐厅区域；通过壁面跳色与地板的斜切拼接，让空间视感更富趣味性。

4.**便餐吧台**：在有限的空间内，以丰富性的多样功能满足，打造个性小宅的理想形态。

5.**功能配置**：运用文化石的包柱表现，巧藏收纳于无形之间。

6.**开放格局**：通过开放式的格局规划，释放通透开阔的空间视感。

7.**主卧室**：符合对称原则下的细节表现，在素雅气质中融入了些许新古典元素。

坐落位置 | 台北市

空间面积 | 60m²

格局规划 | 客厅、餐厅、厨房、主卧室、书房、卫浴

主要建材 | 海岛型木地板、文化石、木作、喷漆、百叶、组合柜、清玻、线板、壁纸、复古砖、马赛克拼砖

元禾设计 · 设计师 邹其霖

设计 · 捕捉永恒美好

　　巧雅温馨中，鹅黄色系如画纸基底，给予居住者最深层的温暖，入门处，化除烹调空间独立切割想象，屏风遮掩炉灶后与玄关做出一气呵成的流畅，顺势而行步伐引导进入客厅主景，腰板沟边、窗区旁设做出卧榻安排，阳光轻洒中，衬以文化石立面表现出惬意景深。

　　承袭着公共领域的线板元素，主卧室内依此为面做出衣柜功能，收纳与展示的结合，让原本单一性的物体有了功能性的转化，而床头两侧以白净打底，做出高柜收纳，也与黄色系床头板有着温柔对比。

　　最后，卫浴空间内将汤屋气息导入，木质感天花板铺陈，辅以浴缸功能，将一天的疲劳浸浴于此，家的堡垒有了最实质的暖度感动。

1.色彩设定: 用色彩小品空间的幸福，再以设计捕捉下美丽的事物，是元禾设计于66m²空间里的美好。

1.烹调区：入门处，化除烹调空间独立切割想象，屏风遮掩炉灶后与玄关做出一气呵成的流畅。

2.客厅卧榻：顺势而行、步伐引导进入客厅主景，腰板沟边、窗区旁做出卧榻安排，衬以文化石立面表现出惬意景深。

3.玄关：入门鞋柜，门板部分借助镂空手法将秽气自然排出，有了功能与美观融合的巧妙呈现。

4.廊道：巧雅温馨中，鹅黄色系如画纸基底，给予居住者最深层的温暖。

5.主卧床头：床头两侧以白净打底，做出高柜收纳，与黄色系床头板有着温柔对比。

6.卫浴：元禾设计不忘将汤屋气息导入，木质感天花板铺陈，辅以浴缸功能，将一天的疲劳浸浴于此，家的堡垒有了最实质的暖度感动。

坐落位置｜新北市·三峡
空间面积｜66m²
格局规划｜客厅、餐厅、厨房、主卧室、次卧室、卫浴
主要建材｜橡木皮、百合白喷漆、进口复古砖、木地板、文化石砖、定制木作

只设计・部・设计师 何彦杰

织构温馨·
凝聚家人情感

织构温馨区域，凝聚家人情感。设计师以视觉轴线引导，加深内部的空间感受，也延伸视觉上的深度与层次感。进入室内，馨香的木质芬芳扑鼻而来，以回收再生的紫檀木作为空间地板，兼具环保与贯彻了自然永生的概念。

在同一轴线上的客餐厅，让生活动线行走无碍，后方并引援露台自然天光，使满室明亮通透。由文化石所砌的斜向电视墙，增添了朴质况味，也通过其斜切角度营造视觉的开阔感；而布艺沙发的选择，也呈现了乡村风的元素。

开放的餐厅天花板，使用长条的杉木引出休闲感，其锻铁烤漆的干燥花吊灯，更是视觉上最闪耀的焦点。进入主卧室，紫色的床头配色呈现浪漫与高雅，其杉木板所包覆的休憩露台，营造无压舒适的空间表情。

1.客厅：进入室内，馨香的木质芬芳扑鼻而来，以回收再生的紫檀木作为空间地板，兼具环保与贯彻自然永生的概念。

1. **动线无碍**：在同一轴线的客、餐厅，让生活动线走无碍；餐厅天花板，则用长条的杉木引出休闲感
2. **视觉轴线**：设计师以视轴线的引导，加深内部的间感受，也延伸出视觉上深度与层次感。
3. **料理台**：餐厅旁设置了料理台，方便用餐时的洁，是贴心的设计。
4. **视觉开阔**：文化石所砌斜向电视墙，增添了朴质味，也通过其斜切角度营视觉的开阔感。
5. **主卧室**：进入主卧室，色的床头配色呈现浪漫与雅，其杉木板所包覆的休露，营造出无压、舒适的间表情。
6. **次卧室**：以莱姆绿作为间主色的卧室，独具个人色，调光卷帘的设计更能意控制光线大小及明暗。

坐落位置│台北市东湖
空间面积│53m²
格局规划│客厅、餐厅、
　　　　　　房、主卧室、次
　　　　　　室、书房
主要建材│文化石、碳化木
　　　　　　紫檀木、杉木板
　　　　　　水波玻璃、木作
　　　　　　烤漆

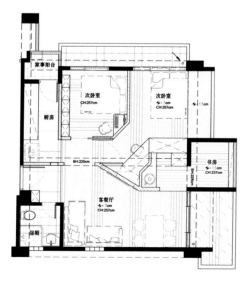

超进化60m²功能小家

　　"超进化60m²小家，请你跟我这样做！"面临旧房翻新与小空间格局的双倍挑战，禾创设计团队重新汇整日常起居的功能逻辑，跳脱既有框架的思维局限，推导出更加合理的动线关系。

　　采取线性延伸而成的铁艺屏风，在回避风水忌讳的同时，不造成无谓多余的破碎切割，由利落斜角带出层次分明的地板铺设。考虑开放弹性的生活形式，规划窗边卧榻顺势形成沙发区延伸，包含下方完整的收纳容量与活动桌板，再展现令人叹为观止的空间发挥。

　　厅区主墙以知性木纹所散发出的细腻气质，营造出舒适自在的风格步调。拿捏适度的半高墙吧台设计衔接了餐厨区域，也不会破坏了原有的靠背安定。选择轻巧简便的餐厨形式，模糊了既定印象中的功能界定，将过道一并纳入使用的范围，也顺势遮挡了厨区无法避免的杂素凌乱。

1.厅区主墙：低敛沉稳的木纹肌理，逐一铺陈媒材本质的知性温度。

1.**沙发背景墙**：选择仿清水模的背景墙壁材，传达出简洁利落的粗犷原味。
2.**玄关**：通过差异化的地板铺设，划分出情境独立的落尘范围。
3.**餐吧**：摒除既定规矩的餐桌规划，改以更具弹性的餐吧安排，将过道一并纳入空间范围，小家也能过得同样精彩。
4.**书房**：以木作量身定制的柜子安排，无须迫于空间所限，同样能拥有完整齐全的收纳基础。

坐落位置 | 台北市
空间面积 | 60m²
格局规划 | 客厅、厨房、书房、主卧室、儿童房、储藏室、工作阳台
主要建材 | 烤漆、铁艺、木皮、木作、超耐磨木地板

2

3

4

1

2

1.**厨区**：搭配清新跳色的烤漆玻璃，让烹食完毕后的保养维持，不影响一天中的美好心情。

2.**书柜**：结合双面柜概念的功能构思，创造出最大可能的空间发挥。

3.**床头壁板**：以浅层木痕娓娓阐述温萃本质，小而巧的壁灯规划一并节省了台面空间。

4.**卧室**：轻透单纯的色调基底，塑造出简约舒适的卧眠品质。

翻新不规则的旧房

方华设计 设计师 何政熹

坐落位置 | 台北市
空间面积 | 66m²
格局规划 | 玄关、客厅、厨房、吧台、次卧、卫浴
主要建材 | 木皮、喷漆、超耐磨地板、玻璃、艺术彩绘

1. **客厅**：由于旧房中有难以避免的大梁与大柱，设计师则顺应将此作为空间区域划分的一个界定。

2. **吧台**：在厨房外侧做了一个小型吧台，不规则的设计正好与屋子斜面相呼应，降低空间不方正的错觉，而此处也刚好对应到阳台的窗景。

3. **展示柜**：位于空间过道的转角处，规划了一个切边的玻璃层板展示柜，让姐弟俩可以摆放自己所喜爱的小物品。

4. **男生房**：男生房淡绿色的墙面，涂绘出巴厘岛风情，带出空间的惬意与悠闲。

5. **女生房**：女生房以造型天花板层板做出间接照明，通过光源来赋予空间柔和之美，并在墙面绘制桃花，祝福桃花朵朵开。

6. **梳妆区**：由于屋子建筑本身的关系，有一处大斜边，设计师则运用此畸零处规划成小型梳妆的地方。

　　旧房重新装潢常会遇到一些问题，如管线的安排与整治，还有一些难以遮掩的梁柱，尤其是不规则的建筑本身也影响室内格局的安排，这都是设计师在设计时必须帮房主考虑的。

　　何设计师将原本的隔断拆除重新规划，顺应空间的梁柱作为空间区域划分的界定，遇到斜边斜角则逆其道而行，在厨房外侧做一个不规则造型的小吧台与屋子斜面相呼应，降低空间不方正的错觉，而此处也刚好对应到阳台的窗景，打破格局一定要方方正正的观念。

　　客厅电视墙由于房主的需要，因此特别预留投影机与投影布幕的位置，皆算好适当的距离。而考虑房主已成年的姐弟，特别选用莱姆绿的沙发增加年轻气息。在空间过道的转角处，规划了一个切边的玻璃层板展示柜，让姐弟俩可以摆放自己所喜爱的小物品。

　　女生房以造型天花板层板做出间接照明，通过光源来赋予空间柔和之美，并运用建筑本身的斜边畸零处规划成小型梳妆的地方，墙面则绘制桃花，祝福桃花朵朵开；男生房淡绿色的墙面，涂绘出巴厘岛风情，带出空间的惬意与悠闲。

地点 | 新竹新丰
面积 | 76m²
格局 | 客厅、餐厅
建材 | 白橡木皮木作、瓷砖、海鸟型超耐磨地板、喷砂玻璃

吉山空间设计·设计师 张嘉恩

轻松淡雅的新婚幸福美居

　　日式简约清爽的风格是房主所向往的居家样貌，设计师聆听房主对家的向往，细心勾画着未来的生活蓝图，不但将书房区域扩大，并将两间卫浴合而为一，功能更完备，使用起来更舒适惬意了。

　　开放式的客厅和餐厅间有根横梁，设计师巧妙使用斜板及间接照明，将两个区域一分为二，用低调的方式区分出独立的餐厅空间，美化了边界，规划出完整的公共领域。书房位于沙发后方，仅以薄薄的木作雾面烤漆来划分，上方的灯槽也将梁进行了修饰，白色的书柜以系列柜搭构，书桌位于中间拥览四方视线环顾全室，能和家人有完美的互动。保留与电视宽阔的空间，动线顺畅，来和家人一起打游戏也很方便，海鸟型超耐磨地板营造出温润的质感。无论是家具还是灯饰、窗帘等软饰，均以素净简单为主，释放出无负担的轻松感。

卫浴以板岩触感的
瓷砖表现休闲放松的自
在空间，规划出媲美五
星级的泡汤浴缸及专属
的梳妆区域，彻底呵护
宠爱着房主，令人称羡
不已。

1.**餐厅**：设计师巧妙使用斜
板及间接照明，将两个区域
一分为二，独立出餐厅空
间。
2.3.**书房**：上方的灯槽将梁
做出修饰，白色的书柜以系
列柜搭构，书桌位于中间能
和家人有完美的互动。
4.**卫浴**：以板岩触感的瓷砖
表现休闲放松的自在空间，
规划出媲美五星级的泡汤浴
缸及专属的梳妆区域。
5.**餐厅一隅**：家具和灯饰、
窗帘等软饰，均以素净简单
为主，释放出无负担的轻松
无压感。

　　自两大扇窗外映照入室的斜阳，在空间留白处交汇出更深一层的光谱，不管坐在哪一个角落，皆能被日光洒落在漆白文化石墙上的自然气息包围，感受悠闲恬适的度假氛围。设计保留房高三米六的挑高优势，以手感文化石墙揭开一场乡村乐活的度假生活。

　　作为度假居所的空间，只要有足够的收纳量即可，设计师将空间留白归回给居住者的生活质感，保留客厅与主卧室的视觉挑空，并将主卧室墙面外推30cm，多出来的空间让房主的衣物有更多的收纳空间。减少了宽度的客厅在穿透性电视墙、挑高高度及视野延展中，放大了整体空间视感，而沙发背景墙处以异材质处理，隐藏通往主卧室及客卫浴的门，也让整齐的空间线条将空间感更加放大。

　　文化石墙后方规划为书房、餐厅与厨房的空间，设计师将窗边采光最好的区块保留给房主期望的书房区域，夹层下方则作为餐厅、厨房的位置，设计师还拿掉了厨房与餐厅间的墙面，改以玻璃打造可透光并能双面使用的收纳展示柜，更顺应房主喜爱喝下午茶的生活习惯，利用楼梯下的空间打造可收纳餐具的多功能厨房。

　　现代功能的元素在一抹白色文化石墙中注入了乡村的乐活氛围，自在的度假感受就从画龙点睛的设计开始。

艾葛设计 · 设计师 吕晨颐

乡村乐活悠闲度假住宅

坐落位置 | 新北市三重区

空间面积 | 66m²

格局规划 | 客厅、餐厅、厨房、书房、主卧室、母亲房、卫浴、储藏室

主要建材 | 文化石、木皮、人造皮、壁纸、喷漆、玻璃

1.**客厅**：设计保留房高三米六的挑高优势，以手感文化石墙揭开一场乡村乐活的度假生活。
2.**餐厅＆书房**：文化石墙后规划为书房、餐厅与厨房的空间。
3.**楼梯下展示柜**：回旋而上的楼梯让下方有空间作为珍藏的展示空间。

4.主卧室：主卧室墙面外推30cm，多出来的空间让房主的衣物有更多的收纳空间。
5、6.母亲房：圆润的倒弧角包覆刚硬的梁柱线条，除软化空间线条外，也挑高夹层空间。

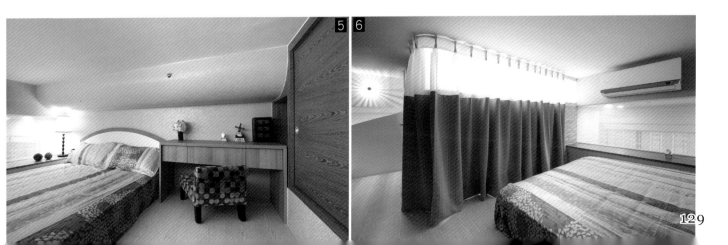

家，是繁忙工作后的心灵寄托，也是滋养每日活力泉源最佳所在，在空间的规划上以光作为居家重点，客厅位置以大面窗可照射进阳光的地方作为沙发背景，颠覆一般传统的安排，通过大面采光的洒落，让室内具有充足的采光照明，营造爽朗明亮的气氛，轻谱乐活的雅致人生。

　　由于空间不大，通过入口柚木集层的造型墙面遮蔽后方阳台，也增加空间中立面的表情温度，两端再以展示柜作安排，使居家生活有了写意的特殊情感，格局规划则采用半墙设计区域划分出客厅与餐厅，让腰部以上的视觉范围没有多余的遮蔽物，简单的桌椅安排换取空间通透感，如此才更显空间的宽阔舒适。

　　主卧室大面窗户刚好接应到树顶位置，并以窗边卧榻作规划尽量不遮蔽绿意美景，设计师以柔润的色泽来营造温和的氛围，浅木头色衣柜衬托出蓊郁绿树，让主卧空间散发自然的休闲慢活，暂缓紧凑的生活步调；儿童房两张错落的单床让空间具有灵活的概念，避免上下重叠的压迫感，延伸至对立设置的书桌让空间看来简洁大方。

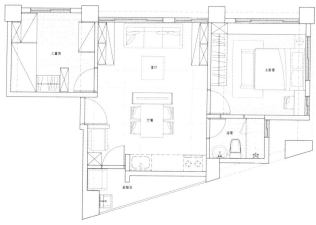

尚格室内设计·设计师 游任国 周仲元

阳光洒落·
轻谱乐活的雅致人生

坐落位置 | 新北市
空间面积 | 66m²
格局规划 | 客厅、餐厅、厨房、主卧
室、儿童房、卫浴×1
主要建材 | 抛光石英砖、柚木地板、
集成板材、组合柜

1.公共空间：由于空间不大，在格局的规划上设计师以半墙区域划分出餐厅与客厅位置，让腰部以上的视觉范围没有多余遮蔽物，如此才显空间的宽阔舒适。

2.客厅电视墙：简单的电视柜区域划分出客厅与后方厨房的位置。

3.主卧室：主卧室以柔润色泽来营造温和的氛围，暂缓紧凑的生活步调。

4.衣柜：浅木头色衣柜衬托出蓊郁绿树，让主卧空间散发自然的休闲慢活，暂缓紧凑的生活步调。

5.儿童房：儿童房两张错落的上下单床安排让空间具有灵活的概念，不会有压迫感。

坐落位置 | 台北汐止仁爱路
空间面积 | 83m²
格局规划 | 客厅、餐厅、厨房、女孩房×2、主卧室、卫浴×2
主要建材 | 风化木、栓木、石头漆、大理石、木地板、抛光石英砖

零碎空间再生·
探索设计的深刻需求

洛凡空间创意室内装修有限公司·设计师 陈智远 李秀丽

　　寸土寸金的年代，要让设计也具有一份经济效益，小空间大利用考验着设计师的功力，在有限空间内利用零碎空间再生概念，化遗憾为优势满足房主的生活所需。

　　走入玄关空间，鞋柜、展示柜、对讲机与随手置物台面，有了一次性的整合，钢琴后方近1m的空间，设计师规划出高深柜子，抽拉之间巧妙利落过道动线，虽为百分百的空间运用，但餐厅与钢琴之间以人性化考虑，舍弃餐橱柜做满可减轻活动时的碰撞；餐厅区域以波浪天花板界定，墨镜光影折射而出的亮度，横向拓展空间，下方刻意低于桌面的踢脚柜，让取物更为便捷，显出设计师的贴心。

　　夹砂玻璃穿透下，来到客厅公共领域，滞碍的L型大梁转折出电视主墙位置，石头漆面搭配紫色烤漆几何玻璃，让主墙有了趣味性变化，除了展示柜的功能搭配，更在主卧门前加以风化木滑轨拉门，推展主墙宽度的同时简化视线中门错落的凌乱。

1

2

同样的简化手法来到走廊中心，夹砂玻璃连续性跳色，收住储物柜与卫浴位置，为了回避风水中门对门的疑虑，设计师通过加大门板化解。进入房主私人领域，站在房主角度思考，于主卧内平凡的系列柜侧嵌入玻璃层板，艺术品摆放即成端景，层次性的设计在床头则以氧化镁板为底加以造型饰板，稳定睡眠质量，侧向处的窗下边柜，则施入书桌及座椅功能，多功能性的设定让主卧也富有生活弹性。

将难用的零碎空间再生，让生活拥有更多的可能，用穿透力的规划展现生活态度。

1.**客厅**：夹砂玻璃穿透下，来到客厅公共领域，碍人的L型大梁转折出电视主墙位置。

2.**客厅主墙延伸**：除了展示柜的功能搭配，更在主卧门前加以风化木滑轨拉门，推展主墙宽度的同时简化视线中门错落的凌乱。

3.**餐厅**：餐厅区以波浪天花板界定，墨镜光影折射而出的亮度，横向拓展了空间，下方刻意低于桌面的踢脚柜子，让取物更为便捷。

5

6

7

4.**主卧端景**：站在房主的角度思考，于主卧内平凡的系列柜侧嵌入玻璃层板，艺术品摆放即成端景。

5.**主卧室**：层次性的设计在床头则以氧化镁板为底加以造型饰板，稳定睡眠质量。

6.**女孩房一**：床、衣柜、书桌三件式的家具规划，完备了儿童房功能。

7.**女孩房二**：以造型包覆的床头大梁，修饰掉了空间的不完美。

刘设计师总是希望设计出来的家不是只有美观而已，而是能贴合房主个性的具有专属感的家。此案为一个单身熟女的小窝，56m2的空间，房主却希望能规划出玄关、小吧台的位置，并依照喜爱的颜色量身定做居家空间的每个角落。

新规划出来的玄关，以时尚而神秘的氛围铺陈，端景壁面采用茶镜，带出空间放大的效果，同时兼具非常完整的置物柜，无论是鞋子、包包都有专属的收纳地方。天花板板以弧形灯带引导入室，仿若银河一般亮丽动人，循循善诱引导入室，接着映入眼帘的便是粉嫩洋溢的客厅空间，虽然客厅空间占不到总面积的1/5，但设计师却大胆采用加长型沙发，让这小空间反而具有大器效果。电视墙以桧木拼贴打造出几何纹路，在光线的照射下更具立体变化，同时也搭配精心特调出的粉红染色沙发。一旁还有房主指定必备的小吧台，而紫色正好与粉色空间相呼应，不规则的几何线条设计，摆脱一般制式的线条的束缚，反而更有新鲜感。

电视墙后方规划为房主的起居室，玻璃隔断让格局具有穿透感，壁面同时采用大面明镜，让小房间有加乘放大的效果。另外也考虑到女生总是有许多小东西需要归纳整理，特别以白色整齐罗列的各式抽屉，其中还隐藏了一张座椅，并以木质地板的铺设，让空间看来更加洁净宜人，也可兼具客房使用。经过细心规划，点滴营造出这专属于时尚都市女子的温馨小窝。

坐落位置 | 台北市大同区
空间面积 | 56m²
格局规划 | 玄关、客厅、小吧台、主卧室、客房、卫浴
主要建材 | 栓木皮染白、茶镜、玻璃、白模玻璃、烤漆玻璃、超耐磨地板、美桧拼贴木、画框线板

时尚都市女子的温馨小窝

1.**客厅**：映入眼帘的便是粉嫩洋溢的客厅空间，虽然客厅空间占不到总面积的1/5，但设计师却大胆采用加长型沙发，让这小空间反而具有大器效果。
2.**玻璃隔断**：电视墙后方规划为房主的起居室，玻璃隔断让格局具有穿透感。
3.**起居室**：考虑到女生总是有许多小东西需要归纳整理，特别以白色整齐罗列的各式抽屉，并以木质地板的铺设，让空间看来更加洁净宜人，也可兼具客房使用。
4.**吧台**：一旁还有房主指定必备的小吧台，而紫色正好与粉色空间相呼应，不规则的几何线条设计，摆脱一般形式的线条的束缚，反而更有新鲜感。

瓦尔肯空间视觉设计 · 设计师 何益贤

居家重现童年烂漫憧憬

坐落位置 | 新竹县竹东

空间面积 | 73m²

格局规划 | 2室2厅1卫

主要建材 | 大理石、古典线板、壁
纸、烤漆玻璃、超耐磨
地板

1.**餐厅**：圆形天花板为餐厅区域巧妙做出界定。
2.**餐厅与书房**：餐厅与书房的功能结合，一家人情感更能紧紧联系在一起。
3.**储藏室**：把凹槽的空间转化为独立的储藏室，并将开关箱及电源配线归在一起，门以图案壁贴装点。
4.**门板**：餐柜中段的门板设计为可以下放的桌板，下方的收纳柜则是计算机主机的收纳专属空间，书柜和书桌的功能也合而为一。

　　热爱生活与艺术的一家人，一直向往能有个悠闲自在又充满着异国情怀的生活空间，于是在讨论之初，便将长久以来收集的空间意象提出与设计师热烈的讨论；原本喜欢的乡村风格，但在讨论的过程之中，设计师不断地从房主的生活习惯、空间需求、动线安排与提供的图片内容上，利用实时手绘与虚拟实境的方式，慢慢地为房主勾勒出一个完整的轮廓，也赋予这个家的充满美式新古典的空间氛围。

　　在了解房主的需求之后，设计师在空间的规划上将壁炉、欧式线板、拱框、艺术托头等造型元素融合其中，并以白色为主要基底色调，将浪漫静谧的灰蓝色布满主卧；将温暖略带活泼的鹅黄色挥洒于女孩房，客、餐厅则是赋予精选经典且淡雅的Tiffany蓝，为进入公共区域做了完美的批注，使整个居家呈现优雅浪漫的异国情怀。

　　由于家庭成员不多，加上实际能使用空间不大，为达到有效利用空间及减少空间的阻隔，设计师配合男主人的需求将三室两卫的空间整合为两室一卫，不仅让公共领域在光线与空间上更加开阔与明亮，在私人领域的浴室空间中也拥有温泉浴池让一家三口享受泡澡的乐趣。此外，为了能让餐厅与书房合而为一，餐桌的一侧规划了可以展示女主人收藏餐盘的餐具柜，另一侧则为可将门板下翻当作桌面的造型书桌柜；而难看的开关箱则因厨房入口位移至窗边，此处便规划为身兼机房的独立储藏室，门则以壁贴装点，使其成为美丽的室内端景。

　　来到主卧室，精致的床头搭配壁纸，对映床尾的美式衣柜，让静谧的主卧室增添一股优雅的氛围；如童话般的公主房，则是女孩心目中的梦想，踢着脚丫伴随着笑声，轻轻地回荡在空间中，充满父母亲对小女儿满满的宠爱之情。

2

3 4

8

5.**主卧室**：增添紫色床头及床板更加浪漫。
6.**门板**：再次体现美式新古典风格，搭配金属光泽的壁纸增添华丽时尚感。
7.**主卧进门处**：在柜子旁架设层板，用弧线的造型缓冲锐角，也成为美丽的视觉端景。
8.**女孩房**：在自己卧室里拥有一座梦幻的公主城堡，实现孩子童年的憧憬。

1.**女孩房一角**：以公主城堡为蓝图架构，充满童趣的荡秋千在空间显得好梦幻，量身定制的柜子充分发挥收纳功能，随意地或坐或卧成为专属的小天地。

2.**卫浴**：两卫合并打通为一卫，除收纳空间更充足外，还能拥有大浴缸享受泡澡乐趣。